AF385282

PRIX : **1 fr. 50**

La Télégraphie sans fil

Expliquée au public

PAR

RICHARD POPP

Ingénieur électricien

Préface de JACQUES DUCHANGE

Éditions de la *Revue dorée*

LIBRAIRIE J. VICTORION
4, rue Dupuytren
PARIS

1902

LA TÉLÉGRAPHIE SANS FIL

Expliquée au Public

S'adresser, pour traiter, à la « Revue Dorée », 108, boulevard Haussmann, à Paris.

La Télégraphie sans fil

Expliquée au public

PAR

RICHARD POPP

Ingénieur électricien

Préface de JACQUES DUCHANGE

Editions de la *Revue dorée*

LIBRAIRIE J. VICTORION
4, rue Dupuytren
PARIS

1902

PRÉFACE

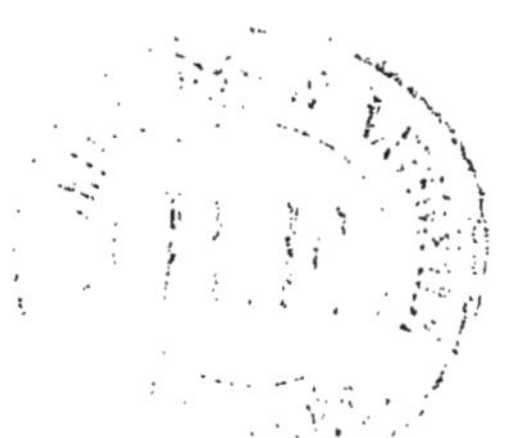

—

Mon cher ami,

Vous me demandez de présenter aux lecteurs cette brochure qu'à la prière de quelques intimes vous avez consenti à publier. Malgré que nos recherches se soient souvent confondues, malgré que nous ayions passé de longues veilles à la poursuite des mêmes problèmes, je me demande si j'ai bien qualité pour accepter la faveur que vous me proposez.

Aussi, réservant mon admiration personnelle pour l'auteur, me contenterai-je d'abord de prédire à cet ouvrage, si simple, si complet et si clair, un légitime et très grand succès ; ensuite, de remercier l'ami d'avoir quitté pour un instant ses études arides, pour mettre la foule à même de comprendre cette magnifique invention qui passionne l'univers.

Tout l'honneur de la découverte revient, incontestablement, au professeur Branly, mais il serait injuste de méconnaître le praticien habile qui seconda le grand savant. Et vous avez compris que vous vous deviez à ceux qui, moins favorisés, n'ont pu assister aux dernières et probantes expériences.

Votre brochure s'adresse au peuple, aux humbles, lesquels gardent souvent dans leurs plus simples gestes une beauté intense que n'ont pas les pantins coudoyés à chaque heure. Vous avez fait œuvre de fraternité, de profitable humanité.

Certes, la télégraphie sans fil ne date pas d'hier ! Les temps préhistoriques l'ont connue. Un des premiers besoins de l'homme, animal social, a été de pouvoir communiquer avec ses semblables. Les gestes sont nés, puis les signaux. Les sommets des collines virent luire des feux : télégraphie sans fil de nós ancêtres, et les ondes lumineuses transmettaient leur pensée. Après les cris, les mots naquirent, les ondes sonores portèrent aux échos les appels humains des primitifs. Leurs descendants viennent d'apprendre à se servir des ondes hertziennes : le progrès poursuit sa marche.

Eh bien, dois-je l'avouer ? Si chez moi le chercheur est enthousiaste de cette science merveilleuse et des grands noms qui l'illustrent, le poète préfère peut-être les ingénues et les vierges qui, de tout temps, ont pratiqué, sans aucun fil, la télégraphie. L'amour, comme l'a dit Lacordaire, est l'acte suprême de l'âme et le chef-d'œuvre de l'homme. Juliette, contant dans un regard toute sa tendresse à Roméo ; Héloïse livrant à Abélard sa pensée dans un geste, et les innombrables amantes qui n'eurent point la célébrité de celles-ci, me semblent vos égales. Une pudeur m'empêche de dire : vos supérieures.

Mais avec leurs amours meurt le secret de leurs séductions.

Grâce à l'admirable découverte, grâce aux études d'hommes éminents, tant en France qu'à l'étranger, grâce à la valeur pratique de vos travaux, les hommes ne seront plus isolés, la nappe bleue des océans ne gardera plus le mystère des tragédies qui s'y jouent ; à vous tous, des milliers d'êtres devront leur salut, car les secours s'organiseront rapides et sans hésitations. Que de dénouements effroyables seront empêchés ! Grâce à la télégraphie sans fil nous disputerons à Amphitrite les victimes qu'elle désire ; la femme du marin, comme celle

*du passager, ne souffrira plus des angoisses atroces de l'incer-
titude. La tâche du savant est supérieure à celle du poète,
car si ce dernier tente de sécher les pleurs, le savant, bien
souvent, les empêche de couler.*

*A évoquer les applications possibles des ondes hertziennes,
un vertige me saisit, je reste effrayé des transformations en-
trevues...*

*J'ai fini ma préface, mon cher ami, et plus que jamais je
doute de son utilité. Combien peu, parmi ceux qui profite-
ront de vos explications si nettes, liront ma prose! Je ne
saurais leur en vouloir car, — dois-je l'avouer ? — je ne lis
moi-même les préfaces que des livres qui m'ennuient.*

Jacques DUCHANGE.

Juillet 1902.

LA TÉLÉGRAPHIE SANS FIL

Analogie des vibrations
sonores, lumineuses et électriques

Je vais m'efforcer, procédant par analogie, de donner l'explication de la télégraphie sans fil et des appareils employés, en évitant, autant que possible, les termes techniques.

Je traiterai des vibrations électriques appelées ondes hertziennes, en les assimilant à certaines vibrations aujourd'hui familières à tous les esprits et qui n'en sont pas moins des phénomènes de même nature que les premières.

Une onde peut se comparer facilement aux moires circulaires produites, après la chute d'une pierre, à la surface d'une nappe d'eau.

Telles sont les vibrations lumineuses et les vibrations sonores.

Un son produit par une corde de violon est le résultat de l'oscillation extrêmement rapide de cette corde dans l'air ambiant. Ce son sera perçu parce que les molécules de l'air en contact avec la corde se mettent en mouvement, c'est-à-dire vibrent. Nous percevons ce son à distance en nous servant de l'oreille comme récepteur. Les vibrations, en effet, se transmettent de tranche en tranche, jusqu'à la tranche d'air en contact avec le récepteur qui entre en vibration à son tour et transmet sa vibration au récepteur : l'oreille.

J'ai donc :

1° La corde de violon qui va osciller rapidement, c'est-à-dire un oscillateur.

2° Un récepteur, l'oreille, qui percevra ces vibrations sonores ;

3° Une source d'énergie pour mettre en mouvement cette corde, l'archet ;

4° A la réception, un appareil me permettant d'exprimer ou d'enregistrer ce que j'aurai perçu, c'est-à-dire la parole ou un phonographe.

Certains appareils puissants ont permis au son d'atteindre plusieurs milles en mer ; on peut augmenter indéfiniment la puissance d'émission, mais la réception ne suit pas la même marche ascendante. L'unique récepteur reste l'oreille humaine. L'ouïe de certains animaux, d'une sensibilité bien supérieure à la nôtre, serait certes un excellent récepteur, malheureusement inutilisable pour nous.

Maintenant si j'aborde les vibrations lumineuses je rencontre des particularités analogues.

On sait qu'il est possible, en pleine mer, par temps clair, d'apercevoir, la nuit, le feu d'un phare à 15 et même 20 milles de distance ; cette portée serait considérablement augmentée si l'appareil récepteur — l'œil, dans ce cas — était plus sensible. Ici encore la vue de certains fauves nous serait d'un précieux secours. Mais la science humaine ne s'est pas encore préoccupée d'utiliser pratiquement les vibrations lumineuses et sonores pour la transmission des messages à distance.

Il est vrai que de nombreuses difficultés semblent devoir s'opposer à une solution favorable :

1º Pour le son, le vent qui l'atténue ou l'annule ;

2º Pour la lumière, où le vent ne joue aucun rôle, la transmission d'un signal lumineux ne peut se faire que la nuit, et par un temps très clair. Les distances susceptibles d'être franchies, déjà très faibles, deviendront insignifiantes en cas de brume.

L'application de la télégraphie sans fil par vibrations lumineuses, appelée télégraphie optique, n'en existe pas moins. Elle est d'un usage courant dans l'armée et dans les sémaphores.

Les vibrations électriques sont, en tous points, comparables aux deux exemples cités ; les phénomènes vibratoires sont de même nature. Leurs avantages résident en ce que ni la pluie, ni le vent, ni le brouillard, n'arrêtent ou ne dévient les ondes hertziennes.

Les obstacles naturels, les corps non rigides, les arbres ou forêts, réfléchissent mal ces trois natures d'ondes et les absorbent en grande partie; les corps solides les arrêtent pour se faire contourner. Par contre, les liquides — la mer, les lacs — sont les meilleurs organes de réflection des ondes sonores, lumineuses et électriques.

Les vibrations sonores se propagent suivant des plans horizontaux, les vibrations lumineuses et électriques suivant des plans verticaux.

Le son vibre dans l'air, la lumière et l'électricité dans l'éther.

Les vibrations électriques produites en un point se propagent en tous sens autour de leur source.

On peut arriver, par ce que nous appelons la syntonisation, à déterminer ces vibrations afin qu'elles ne soient enregistrées que par certains appareils disposés « ad hoc ». — Procédant encore une fois par analogie avec le son, je sais que si deux cordes de violon placées à distance sont au même diapason, lorsqu'avec l'archet je fais vibrer la première, la seconde vibre à l'unisson. Il en est de même pour les vibrations électriques : le diapason sera, dans ce cas, plus délicat à obtenir, les éléments à unir entre eux étant plus nombreux.

Nous admettons comme chose acquise, les vibrations sonores et lumineuses. Nous pouvons donc laisser prendre rang aux ondes électriques, parmi les modes de transmission sans fil à distance, d'autant plus que l'appareil extra-sensible pour l'indication de ces vibrations aux très grandes distances existe.

Production de l'étincelle oscillante

La bobine de Ruhmkorff étant un appareil connu de tous, sa description serait superflue.

Je dirai seulement que le courant d'une source électrique de faible voltage et de faible intensité, introduit par à-coups (interrupteur ou trembleur) successifs et réguliers dans une bobine d'induction (par le primaire) en ressort (par le secondaire) à une tension si élevée que l'on ne peut plus le mesurer.

Ce courant de haute tension glisse, sans danger, sur les nerfs de l'homme.

C'est au phénomène d'induction, découvert en 1837 par Faraday, qu'est dû l'appareil créé par Ruhmkorff, appelé aujourd'hui bobine d'induction ou transformateur.

Pourquoi ce courant de haute tension produit-il

une étincelle longue et puissante alors que le courant de faible intensité ne produit qu'une étincelle insignifiante? Et pourquoi cette étincelle est-elle oscillante?

Supposons qu'à chaque introduction brutale du fluide électrique dans la bobine il se produise, de ce chef, une forte compression et que, cette compression arrivée à son extrême limite, le conducteur dans lequel se comprimait le fluide électrique éclate subitement : on comprendra que la distance franchie par ce fluide comprimé sera, de beaucoup, plus grande que celle qu'aurait franchi ce même fluide avant d'être comprimé.

Ce fluide électrique jaillit du conducteur positif pour se déverser dans le conducteur négatif. Un équilibre s'établira entre ce conducteur positif qui était chargé, et ce conducteur négatif qui était vide. Mais par suite de la compression, cet équilibre ne se produira pas instantanément : le fluide comprimé venant du positif, remplissant trop brutalement le négatif, fera déborder ce dernier qui renverra son trop plein au positif. Il y aura alors entre les deux conducteurs un va-et-vient jusqu'à l'équilibre parfait.

Ce va-et-vient produira les oscillations cherchées.

On conçoit facilement que la quantité d'oscillations augmente suivant la compression plus ou moins grande du fluide électrique.

Ces oscillations de l'étincelle peuvent être constatées très nettement par des appareils spéciaux, bien qu'à l'œil nu les étincelles paraissent continues.

C'est Hertz, professeur à Bonn en Allemagne, qui, reprenant la théorie de Maxwell, découvrit l'existence des vibrations électriques et leur influence à distance.

Voici l'explication de l'expérience fondamentale

de ce savant : Il faisait jaillir entre 2 boules de
cuivre l'étincelle produite par une bobine de Ruhmkorff (oscillateur de Hertz) (Fig. 1.)

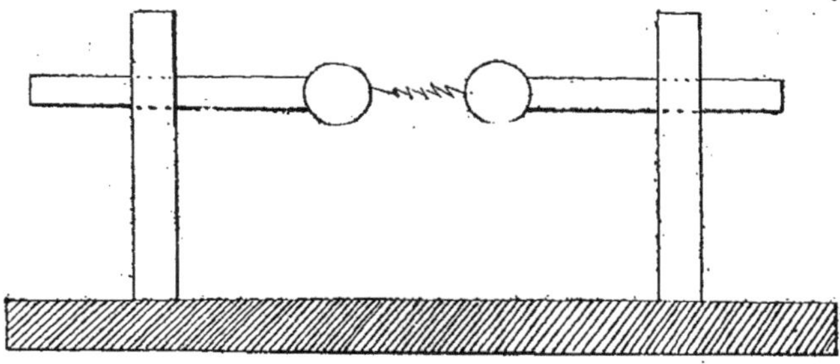

Figure 1

Ces boules étaient reliées à des capacités varia-
bles ce qui, en comprimant le fluide électrique, lui
permit d'obtenir 50.000.000 de vibrations électriques par seconde.

Il en constatait l'existence en plaçant à petite distance un appareil appelé résonnateur de Hertz (fig. 2)
et composé d'un fil métallique recourbé en forme
de cercle, et dont les extrémités se terminent par
deux petites boules très rapprochées. En faisant
jaillir une étincelle entre les boules de son oscillateur, Hertz aperçut au même moment un flux de
petites étincelles entre les petites sphères de son
résonnateur.

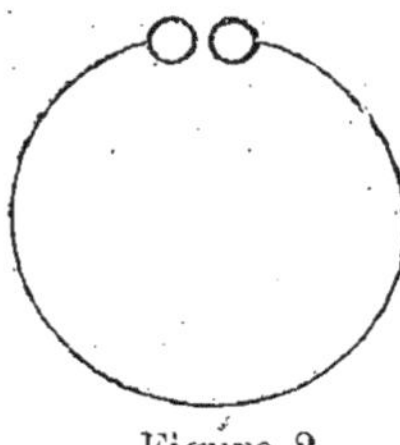

Figure 2

L'existence des vibrations électriques était découverte. On savait
de plus qu'une vibration électrique
pouvait se propager d'un point à
un autre sans conducteur ; mais le
récepteur indiquant l'existence de
ces vibrations était peu sensible
et, à une très faible distance, toute

manifestation d'onde électrique disparaissait dans le résonnateur de Hertz.

Hertz constata de plus que ces vibrations, appelées aujourd'hui ondes hertziennes, se propageaient dans les milieux isolants et qu'elle jouissaient de toutes les propriétés des ondes lumineuses.

On ne songeait guère, à cette époque, à la télégraphie sans fil, malgré les remarquables travaux de Hertz ; lorsqu'en 1890 le Dr Branly révolutionna le monde par·la découverte de la Radioconduction :

Jusqu'alors, on considérait, pour l'électricité, l'existence de deux genres de corps. Les uns, conducteurs du fluide, les métaux ; les autres comme le verre, l'ébonite, etc., non conducteurs ou isolants ; M. Branly découvrit un troisième genre de corps tantôt conducteurs, tantôt isolants, qu'il appela : *radioconducteurs*.

***

Explication de la découverte du Dr Branly

Si nous prenons un pile électrique Leclanché, et que nous réunissons les 2 pôles de cette pile à une petite lampe à incandescence : cette dernière éclairera aussitôt.

Coupons maintenant l'un des fils B (fig. 3) et transformons en limaille quelques centimètres de ce fil, remplissons un petit tube

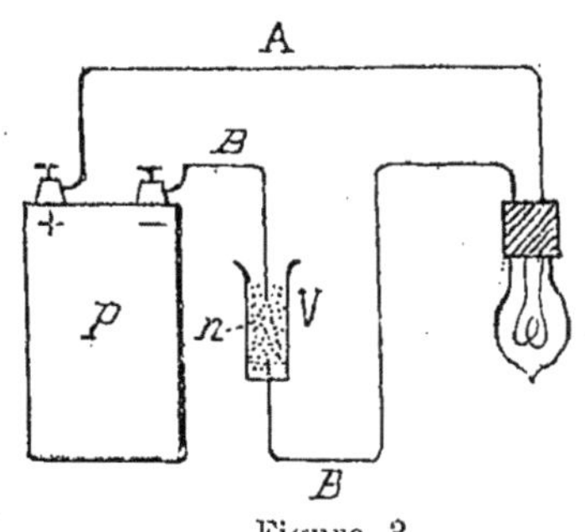

Figure 3

P, *pile.* — A, *fil positif.* — B, *fil négatif coupé.* — n, *limaille faite avec B.* — V, *tube en verre.*

en verre avec cette limaille et amenons les deux
bouts de ce fil resté libre, de façon que, sans
se toucher, ils soient toutefois en contact avec la
limaille : le courant ne passera plus, la lampe
restera obscure.

Le fait de transformer en limaille le métal solide
composant le fil a produit subitement un obstacle
infranchissable au courant de la pile. M. Branly fit
alors jaillir une petite étincelle entre les boules
d'un oscillateur de Hertz placé à distance. Immédiatement l'obstacle disparut et le courant passa.
Puis il arrêta la production des étincelles à l'oscillateur, mais la limaille continuait à laisser passer
le courant de la pile : l'obstacle ne renaissait donc
pas de lui-même.

Par un petit choc sur le tube en verre l'obstacle
fut à nouveau créé.

Le phénomène observé était simple. A l'état
solide, le métal présentait contre le courant de la
pile une résistance, (de 1 par exemple), facilement
vaincue ; mais, lorsque l'on transformait ce même
métal en limaille, par suite de la discontinuité produite par les nombreuses parcelle de cette limaille,
la résistance montait (à 10 par exemple) et devenait
trop importante et trop forte pour pouvoir être
vaincue par le courant. L'étincelle jaillissant alors à
distance, soudait les grains de limaille entre eux,
la résistance retombant (à 1) permettait à nouveau
au courant de passer. Par un choc, on les dessoudait,
et ainsi de suite.

M. Branly remarqua que l'influence des vibrations électriques se faisait nettement sentir sur son
tube à limaille à plusieurs centaines de mètres.

Il construisit alors son célèbre appareil, appelé
communément tube de Branly, et commença ses

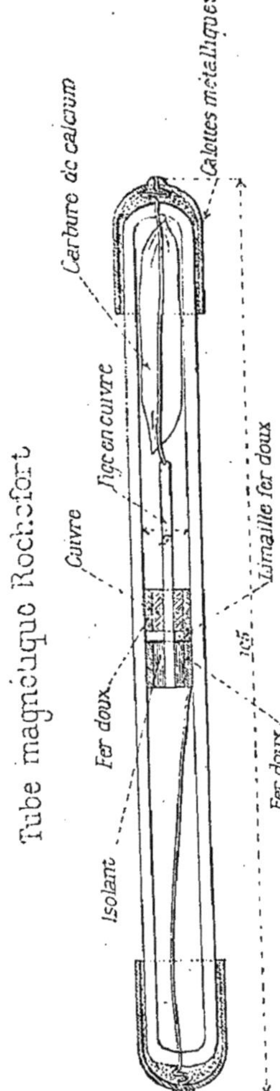

Figure 4

essais de propagation d'ondes hertziennes à distance, (fig. 4), c'est-à dire, qu'il entreprit de transmettre, sans l'aide d'aucun fil, un message d'un point à un autre.

* *

Recherches du Dr Branly

Poursuivant ses études, en 1894, le Dr Branly rendait compte à l'Académie des Sciences de ses travaux sur les variations de conductibilité des substances isolantes et citait entre autres, les résultats suivants :

Deux tiges cylindriques de cuivre rouge sont oxydées à la flamme d'un bec Bunsen, puis elles sont superposées en croix, chargées de poids pour éviter les variations par trépidation, et reliées respectivement aux bornes d'une branche d'un pont de Wheatstone.

La résistance principale de cette branche réside dans les deux couches d'oxyde en contact.

Une mesure, prise au hasard parmi un grand nombre, accusait une résistance de 80,000 ohms (1)

(1) L'ohm est l'unité de mesure de la résistance électrique,

avant les étincelles d'une machine électrique indépendante ; cette résistance tombait à 7 ohms après les étincelles : Un effet analogue était obtenu en superposant deux tiges d'acier et une tige de cuivre, toutes trois oxydées.

On peut encore poser, sur un plan de cuivre oxydé, un cylindre de cuivre à tête hémisphérique également oxydé et tenant par son poids. Au lieu d'oxyder les deux surfaces en contact, on peut simplement les recouvrir d'une très mince couche de résine.

Avec cette disposition, après l'éclatement à distance d'une étincelle et sous l'influence d'un choc, la résistance revient à son état primitif.

En 1898, le Dr Branly rendait compte des résultats obtenus en soumettant à l'influence d'une étincelle à distance une colonne verticale de quarante disques de fer, larges et épais, bien polis et bien dressés, superposés et surmontés d'un poids pour assurer un meilleur contact. La conductibilité s'établissait en faisant jaillir à 3 mètres une petite étincelle de 0 m. 02. Un choc rétablissait la résistance.

Cet essai fut également fait avec une colonne de billes métalliques et notamment avec des billes en acier dur bien poli de 12 $^m/_m$ de diamètre, (billes de vélocipèdes).

Les résultats du Dr Branly, toujours satisfaisants, n'apportaient toutefois aucune amélioration comparativement à son indicateur d'onde à limaille.

Le principe nouveau qu'il découvrit ensuite repose sur la différence d'oxydation des métaux en présence. Le procédé d'oxydation est établi d'une façon absolument mathématique.

❖ ❖

Description du trépied Branly

Trois tiges A, B, C, en acier poli, à la pointe moussue, sont posées en trépied sur un disque métallique D en acier poli.

Ces tiges A, B, C, sont munies à leur partie supérieure d'une pièce en laiton E munie elle-même d'une vis de serrage permettant d'y fixer un fil de contact quelconque. (fig. 5.)

Pour établir la résistance entre le disque D et les tiges A, B, C, et empêcher ainsi le courant d'un élément Daniel de passer, on emploie le procédé suivant:

1° On oxyde les tiges A, B, C en les plaçant pendant un certain temps dans une étuve à air chaud.

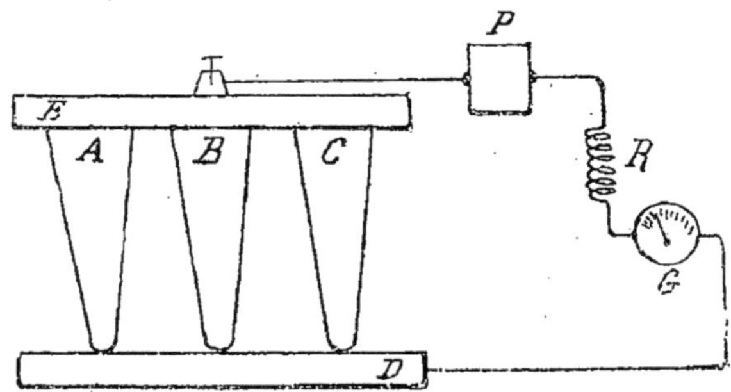

Figure 5

Schéma d'un récepteur trépied Branly

A, B, C, *tiges métalliques oxydées.* — E, *petit morceau de laiton d'uns lequel sont vissées ces tiges.* — D, *disque métallique poli.* — G, *galvanomètre.* — R, *petit rhéostat de résistance.* — P, *pile de faible voltage.*

— L'oxydation peut aussi s'obtenir chimiquement. —

L'oxydation est établie mathématiquement et cette découverte est d'une importance particulière en ce sens qu'on peut obtenir, à coup sûr, l'oxydation voulue et nécessaire, sans hésitation, en réglant la température de l'étuve et variant la durée du chauffage.

2° Le disque D reçoit également une préparation spéciale :

En effet on doit établir pour obtenir des résultats parfaits, le degré nécessaire exact de polissage de ce disque métallique d'acier.

Ceci fait, on amène en E et au disque D les deux pôles d'une petite pile p et on intercale dans le circuit, en G, un galvanomètre et en R une résistance variable.

Nous constatons alors que l'aiguille du galvanomètre G ne se déplaçant pas, le courant de la pile p ne passe pas.

A ce moment on fait jaillir, à une distance d'environ 6 mètres, une petite étincelle de $0^m/^m05$ et l'on constate une déviation en G.

Donc la couche d'oxyde produite à la pointe des tiges A, B, C devient conductrice par l'étincelle à distance, c'est-à-dire se soude au disque D.

Pour supprimer cette conductibilité et ramener la résistance aux contacts, sans se déplacer du point où on se trouve avec l'appareil émetteur d'étincelles, on frappe légèrement le sol avec le pied. *Immédiatement l'aiguille G revient à zéro (1).*

Ce procédé nouveau de révélateur récepteur d'ondes semble présenter des avantages comparativement au cohéreur à limaille.

La préparation paraît simple. Il n'en est pas de même pour les tubes à limaille dont la confection est très délicate.

Sa sensibilité est supérieure au tube

Avec une étincelle de $0^m/^m05$ les plus sensibles

___

(1) On obtient les mêmes résultats en remplaçant les tiges A, B, C par des tiges en aluminium à pointes moussues, oxydées, reposant sur un disque d'acier et vice versa, ou avec tout autre métal.

des cohéreurs à limaille ne fonctionnaient qu'à
12 mètres au plus et sans obstacle tandis que le
trépied fonctionne encore très régulièrement à
27 mètres et à travers 3 murs épais.

Le choc nécessaire pour pouvoir produire le décohérage d'un tube à limaille devant être assez
puissant, il s'en suit que la course du frappeur dé-
cohéreur est nécessairement longue, 5 à 10 millimètres, d'où transmission plus lente des signaux de
télégraphie sans fil. Cet inconvénient s'atténue
avec le nouvel appareil, le choc de décohérage étant
en effet faible, on n'a plus besoin que d'une course
de 5/10 de millimètres pour le frappeur.

Etant donné les tiges qui forment avec la plaque polie trois contacts distincts et égaux entre
eux, et que ce nombre peut être augmenté à volonté,
nous sommes certains qu'au moins une sur les trois
deviendra conductrice sous l'influence d'une onde.

La marche de l'appareil est constante. En effet,
il a été observé par l'expérience que le décohérage
de la limaille sous l'influence d'une onde n'était en
quelque sorte qu'une soudure plus ou moins par-
faite des parcelles la composant. Or il n'a jamais été
possible de déterminer le degré de soudure des parcelles de cette limaille et, conséquemment, la dé-
termination du choc nécessaire pour la décohérer
est toujours imparfaitement connue.

Les faces de la limaille en présence varient après chaque
choc, il est évident que les faces nouvelles mises en présence
pour le décohérage suivant peuvent avoir une facilité de
soudure différente de la soudure précédente.

La marche d'un cohéreur à limaille s'en ressent parce
que l'on ignore totalement ce qui se passe entre les grains
de la limaille.

A vrai dire chaque grain devrait avoir une frappe particulière alors qu'actuellement on cherche, par une frappe moyenne, la possibilité de décohérer toutes les faces des grains susceptibles de se souder entre elles. Un choc unique rétablit la résistance. Mais un choc trop fort conduit à une résistance extrême, ce qui fait que toute sensibilité semble avoir disparu.

Il faut alors par un premier effet rétablir cette sensibilisation.

Ces inconvénients des tubes à limaille semblent réduits avec le nouvel indicateur d'ondes.

En effet les points en contacts sont parfaitement connus, les résistances en présence sont exactement déterminées et égales entre elles, le choc que nous produisons pour ramener la résistance est facilement établi puisque les surfaces en contact restent constamment semblables.

Trépied Branly

Cette gravure represente un disque surmonté de son trépied. L'appareil, de dimensions restreintes, se place directement sur le Morse, car le choc de la palette du Morse suffit à lui seul pour décohérer le trépied du disque.

L'appareil ne pourra donc jamais perdre de sa sensibilité et aucune trépidation de l'extérieur ne pourra l'influencer puisque les éléments le composant auront une constante basée sur des données absolument mathématiques ; on pourra obtenir alors le maximum de sensibilité de l'appareil du fait de la frappe unique et constante nécessaire au décohérage.

* * *

Organes composant le poste émetteur

Le poste émetteur se compose :

1° D'une *source d'électricité* destinée à alimenter le transformateur (accumulateurs) ;

2° D'un *manipulateur* destiné à transmettre au poste récepteur des signes de l'alphabet Morse.

3° D'un *appareil interrupteur*.

4° D'un *transformateur* (bobine de Ruhmkorff) ;

5° D'un *oscillateur de Hertz* ;

6° D'un mât de hauteur appropriée muni d'une vergue à l'extrémité de laquelle on suspend un fil de cuivre de petite section appelé *antenne* (fig. 7.)

7° D'une plaque en métal appelée *plaque de terre* ;

8° D'une dynamo, (moteur) ; d'un tableau, etc., soit tout l'ensemble nécessaire à la recharge des accumulateurs, dans le cas ou dans le voisinage ne se trouverait aucune source électrique ;

9° D'une série de matières isolantes (tapis de caoutchouc, plaques de verre ou d'ébonite, etc.) destinés à isoler les divers appareils les uns des autres, et l'ensemble de la masse terrestre.

La source électrique est en général fournie par des accumulateurs. L'un des pôles est relié directement à la bobine ; dans le circuit de l'autre on intercale d'abord un manipulateur (fig. 8.)

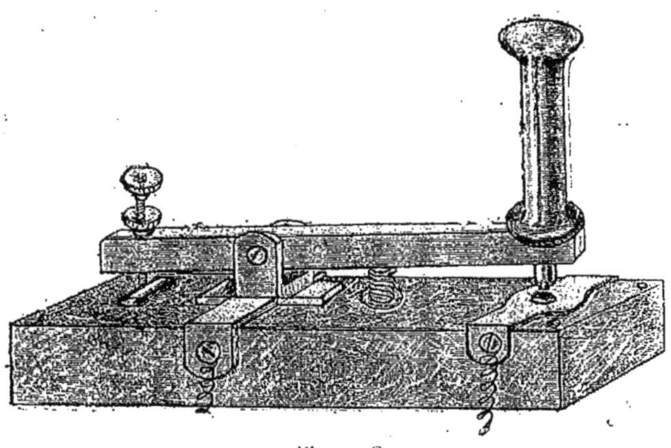

Figure 8

Manipulateur R. P.

Lorsque l'on fera jaillir une seule étincelle entre
les boules de l'oscillateur, en provoquant un contact rapide à l'aide du manipulateur, on obtiendra
un seul point à la réception. Lorsqu'on prolongera le
contact, l'oscillateur produira, non plus une, mais
plusieurs étincelles qui formeront, à la réception
une suite de petits points. Ces points sont suffisamment rapprochés pour imprimer un trait continu
sur la bande de papier de l'appareil Morse.

L'alphabet Morse se composant uniquement de
points et de traits (1) les dépêches transmises par la
télégraphie sans fil se liront aussi facilement que
celles de la télégraphie ordinaire.

Du manipulateur, le courant arrive à l'interrupteur dont j'ai expliqué le rôle plus haut.

(1) Voir en dernière page.

Voici comment s'obtiennent les interruptions :
(fig. 9).

Le petit moteur électrique actionné par le courant d'une batterie de piles, met en mouvement un balancier à l'extrémité libre duquel est fixée une tige de cuivre. Le godet placé sous cette tige est rempli en partie de mercure et de pétrole.

Lorsque le balancier descend, cette tige forme contact avec le mercure et permet au courant de passer pour se rendre à la bobine ; lorsque le balancier remonte la tige sortant du mercure interrompt le courant. (Le pétrole remplit ici le rôle d'isolant et sert à atténuer ou à éteindre l'étincelle de rupture.) Le moteur tournant très rapidement, on a facilement le grand nombre d'interruptions brusques nécessaire au bon fonctionnement de la bobine.

Figure 9

Interrupteur Rochefort à mercure

Nous arrivons au *primaire* de la bobine, puis le phénomène d'induction nous conduit au *secondaire* et de là, à l'oscillateur (voir précédemment l'explication.) Enfin l'un des pôles de l'oscillateur communique avec l'antenne et l'autre à une plaque de métal enfouie sous terre.

* * *

L'antenne

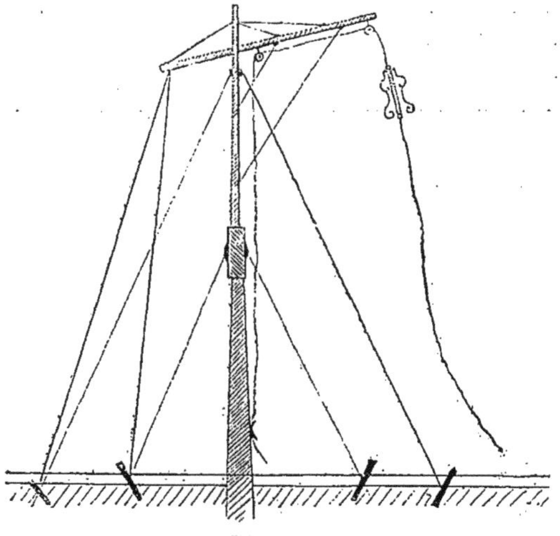

Figure 7

Mât muni de l'antenne

A l'extrémité du fil de cuivre, nous voyons une cloche en verre destinée à empêcher, par temps pluvieux ou simplement humide, le fluide électrique de se perdre dans la terre par le mât et les cordages devenus alors conducteurs (point d'isolement d'une importance capitale).

Je me servirai d'une image pour expliquer clairement le rôle de l'antenne : lorque l'on fait pénétrer brusquement de l'eau sous pression dans un tuyau de caoutchouc (d'arrosage de jardin par exemple) ce tuyau subit des contorsions multiples et vibre, pour ainsi dire, sous l'effort de la lutte intérieure qui se livre entre l'eau sous pression et l'air que contenait précédemment le tuyau. Ces vibrations cesseront aussitôt que le liquide pourra s'échapper librement par une des extrémités.

Supposons un instant qu'il soit possible de remplir et de vider ce tube de caoutchouc 50 millions de fois à la seconde : le nombre des vibrations croîtra en des proportions énormes... c'est ce qui se passe dans l'antenne.

Il est évident que les vibrations électriques qui se propagent dans l'éther restent imperceptibles à l'œil.

Lorsque l'étincelle éclate à l'oscillateur, l'antenne se remplit et se vide des millions de fois à la seconde (voir l'explication de l'étincelle oscillante) : elle vibre alors et fait vibrer à son tour la substance environnante (éther) qui transmet ces mêmes vibrations, par couches, à une antenne réceptrice distante de la première et en tout point semblable à celle-ci.

Or, ces vibrations de nature électrique qui impressionnent l'antenne réceptrice sont conduites jusqu'à l'appareil tube (ou trépied de Branly) et l'influencent comme nous l'avons déjà indiqué.

Il va de soi que la même antenne peut à la fois émettre ou recevoir des vibrations, selon qu'elle sera en communication avec l'oscillateur ou avec le tube ou trépied.

** **

La prise de Terre

Les plaques de terre se composent de feuilles de cuivre enterrées dans le sol et de préférence en contact avec les nappes d'eau.

Pour définir exactement leur rôle il me faudrait entrer dans une explication abstraite et purement scientifique ; aussi, dirai-je simplement que la terre remplit le même but (celui de deuxième pôle) en télégraphie sans fil qu'en télégraphie ordinaire. Toutefois son importance est ici primordiale, une mauvaise terre empêchant toute transmission.

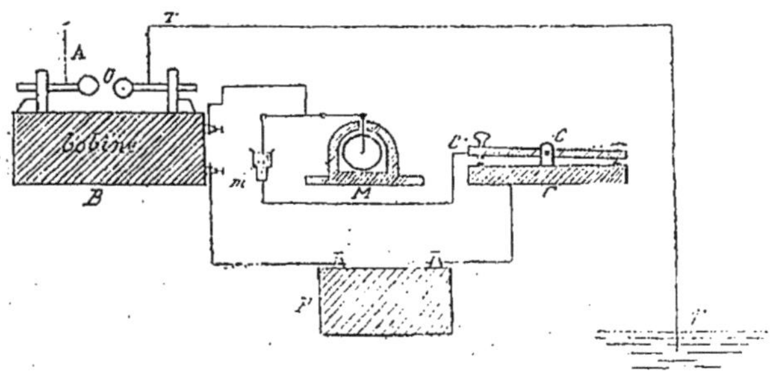

Schéma d'un poste émetteur

*A antenne — B bobine — O oscillateur — T plaques de terre —
C manipulateur — P batterie d'accumulateurs — M moteur —
m interrupteur.*

Organes composant le poste récepteur

Un poste récepteur se compose :
1° De *l'antenne* ;
2° Des *plaques de terre* ;
3° Du *tube* ou trépied Branly ;
4° D'une *source électrique* ;
5° D'un *relais* ;
6° D'un *appareil Morse* ;
7° D'*appareils accessoires* de mesure.

L'antenne et les plaques de terre remplissent ici le même rôle que dans l'émission. A l'une des extrémités du tube (ou trépied Branly) on relie l'antenne ; à l'autre, le fil allant aux plaques de terre.

Appareil Rochefort récepteur d'ondes à tube Branly

Ceci dit, pour bien comprendre le fonctionnement des appareils, il est indispensable de consulter le schéma ci-après :

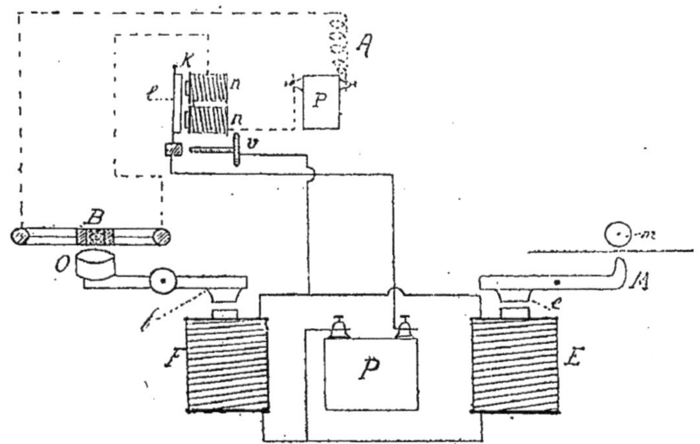

Schéma d'un poste récepteur expliquant le rôle du relais

Nous prenons ici pour la réception un tube.

La limaille composant ce tube forme, comme nous l'avons déjà dit, obstacle au courant d'une pile ordinaire (1,3 volts). Sous l'influence de l'étincelle hertzienne éclatant à distance, l'obstacle se trouve vaincu et le courant passe.

Or, plus la facilité de soudure de cette limaille sera grande, plus l'étincelle jaillissant à distance pourra être faible pour produire les mêmes effets ; mais, d'autre part, cette facilité de soudure fait diminuer la puissance de l'obstacle que la limaille oppose au courant électrique de la pile et il arrive alors que ce courant peut passer librement. En intercalant en A une résistance, on diminue la puissance du courant de la pile p et alors, l'obstacle op-

posé par la limaille se soudant aisément, devient
suffisant pour arrêter ledit courant. Mais la puissance de ce même courant devient à son tour insuf-
fisante pour actionner, d'une part, l'électro-aimant
E du Morse, d'autre part l'électro-aimant F de
la frappe pour la dissoudure de la limaille con-
tenue dans le tube.

Nous sommes donc obligés d'intercaler un appareil dont les organes, suffisamment sensibles pour
être influencés par ce faible courant, mettent néan-
moins en communication les électro-aimants E-F
avec une batterie de piles P, suffisamment puissante
pour les actionner, laquelle batterie restera absolument indépendante du courant de p qui passe dans
le tube.

Cet appareil s'appelle un **relais.**

Fonctionnement d'un relais

Supposant la limaille du tube B soudée, le courant de la petite pile p passera par la résistance
A, le tube B, et viendra actionner les électro-
aimants $n n$ du relais. A ce moment la petite lamelle de fer doux l sera attirée et viendra faire
contact avec la vis v.

Remarquons maintenant que le courant de la
grande batterie de piles P pourra venir actionner
les électro-aimants E et F ; les fers doux e et f de
ceux-ci vont se trouver attirés, la palette S du Morse
M frappera un rouleau encré m et marquera un point
sur la bande de papier D ; mais au même moment
le fer doux f du frappeur O est également attiré ; le
tube B recevra donc un choc et, comme nous le
savons, la résistance de la limaille va renaître ;

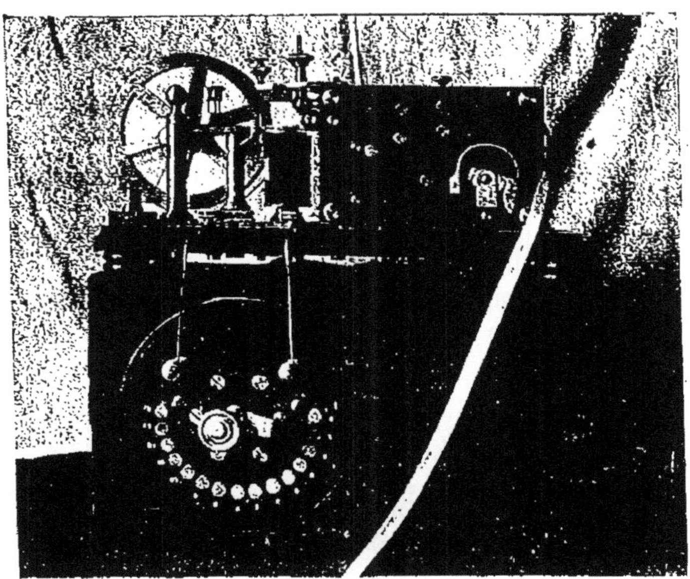

Appareil recepto-enregistreur Branly

La figure ci-dessus représente un appareil récepteur d'ondes et enregistreur à la fois. Ce n'est autre chose qu'un Morse ordinaire légèrement modifié, de telle sorte que la palette de l'électro-aimant par son seul choc sur une vis de butée, existant déjà, produit le décohérage.

Comme on le voit le trépied est placé sur la colonne supportant cette vis de butée.

Par suite de ce dernier choc le courant p ne passera plus, l'électro n n n'étant plus influencé, la petite lamelle l quitte la vis v, le courant de la grande pile P est alors également interrompu, les palettes e et f rappelées par des ressorts retombent, tout le récepteur est à nouveau au repos prêt à être influencé par une ou plusieurs étincelles hertziennes jaillissant à distance.

Les appareils accessoires se composent d'appareils de mesure, tel le milliampéremètre qui indique le degré de soudure de la limaille, etc., etc.

Les deux gravures ci-après donnent l'ensemble des appareils composant un poste émetteur et un poste récepteur établis avec des appareils Rochefort.

Poste émetteur

Poste récepteur

Je me suis efforcé de fournir ces explications sans entrer dans le domaine des termes scientifiques. Des explications complémentaires techniques paraîtront en articles mensuels dans la Revue Dorée.

Saint-Amand (Cher). — Imp. Em. Pivoteau et Fils

LA REVUE DORÉE

3ᴇ ANNÉE

Jacques **DUCHANGE**	Georges **CASELLA**	Louis **PAYEN**
Directeur	*Secrétaire général*	*Rédacteur en chef*

Extrait des derniers Sommaires

Paul Adam : *Narcisse et la Servante.*
G. Binet-Valmer : *La Renaissance latine.*
Georges Casella : *A propos d'une œuvre.*
— *L'Acteur au miroir.*
— *L'Enfant d'Austerlitz.*
— *Attitudes.*
Félicien Champsaur : *Le Yoghi.*
Henri Degron : *Achille Segard.*
Jacques Duchange : *Le Sacrifice.*
— *Lettres sincères d'un Amant du Siècle.*
Albert Erlande : *Non ti scordar di me !*
— *Hécube*
Ernest Gaubert : *Inscription.*
A.-Gilbert de Voisins : *Latitudes.*
André Heime : *Sonnets.*
J.-C. Holl : *La Beauté.*
René Jean : *Gustave Moreau.*
Camille Lemonnier : *Le Sang et les roses.*

André Lebey : *Sur un massif de peupliers.*
Emile Lante : *Poèmes.*
Adolphe Lacuzon : *Poèmes.*
André Malécot : *Odelettes familières.*
Frédéric de Neufville : *Ballet psychologique.*
Louis Payen : *La Chimère.*
— *Poème.*
— *Symbolistes et décadents.*
Michel Puy : *Le Portrait et M. Henry Bataille.*
Edmond Pilon : *Portraits.*
P. de Querlon : *Le Crépuscule des Dieux.*
J.-H. Rosny : *Un raté.*
Achille Segard : *Fontarabie.*
M. de Valcombe : *Diptyque* (roman).
E. Vuillermoz : *Siegfried.*
— *Grisélidis.*
— *Pelléas et Mélisande.*

Revue du Mois

Le Théâtre, par Henri Malo ; *La Musique,* par E. Vuillermoz ; *Les Actualités,* par Ernest Gaubert ; *Les Expositions, Art, Peinture, Sculpture,* par René Jean ; *Les Livres,* par Georges Casella, P. de Querlon, Louis Payen ; *Les Sciences,* par Richard Popp ; *Les Revues,* par G. de Teysson ; *Les Echos,* par Ch. Amo ; *Illustrations,* de José Engel, Paul-Franz Namur, Manuel Robbe, Paul Grollier, etc.

Collaborent à la « Revue dorée »

Paul Adam, G. Binet-Valmer, S.-G. de Bouhélier, Georges Casella, Félicien Champsaur, André Couvreur, Henri Degron, Diraison-Seylor, Jacques Duchange, Albert Erlande, José Engel, A. Fontainas, Paul-Louis Garnier, Ernest Gaubert, A. Gilbert de Voisins, Rémy de Gourmont, J.-C. Holl, René Jean, Gustave Kahn, André Lebey, E. Lante, Adolphe Lacuzon, Camille Lemonnier, Maurice Magre, Henri Malo, André Malécot, Stuart Merril, Albert Mockel, François de Nion, F. de Neufville, P.-F. Namur, Louis Payen, Ed. Pilon, P. de Querlon, A. Retté, J.-H. Rosny, A. Segard, M. de Valcombe, E. Verhaeren, Francis Vielé-Griffin, E. Vuillermoz, Richard Wémau.

Aux Editions de la Revue dorée

J. Duchange, *Un homme à l'amour :* 3 fr. 50 — M. de Valcombe, *Diptyque :* 3 fr.
Georges Casella, *Les Petites heures :* 3 fr.

RÉDACTION ET ADMINISTRATION : *108, boulevard Haussmann, PARIS*
Téléphone 294-70

9 782016 142011